KLEINE TEXTE FÜR THEOLOGISCHE UND PHILOLOGISCHE
VORLESUNGEN UND ÜBUNGEN
HERAUSGEGEBEN VON HANS LIETZMANN

37

LITURGISCHE TEXTE

V

MARTIN LUTHERS
DEUTSCHE MESSE

1526

HERAUSGEGEBEN VON

D. HANS LIETZMANN

NEUDRUCK

BERLIN
VERLAG VON WALTER DE GRUYTER & CO.
1929

Den text gebe ich nach dem zweiten Wittenberger druck (B in der Weim. Ausg. 19, 60), der die groben versehen der flüchtigen ersten ausgabe A beseitigt hat. Titel **Deudſche | Meſſe vnd ord=|nung Gottis | dienſts. | Martinus Luther. | Wittemberg.** | in einem zierrahmen von ranken, unten vier hirsche. sign. **A** ij bis **F** iij. exemplar der Jenenser Universitätsbibliothek Bud. Var. q (so! nicht o, wie in Kl. T. 21 S. 3 gesagt ist) 635 (8). Druckfehler des originals: s. 6 z. 8 **werde?** s. 11 z. 6 **Pre=riodus.** Aus rücksicht auf den preis habe ich die singnoten weggelassen und keine sachlichen anmerkungen gegeben. H. L.

p. 72 Weim. Ausg.

Vorrhede Martini Luther.

Vor allen dingen wil ich gar freundlich gebeten haben / auch vmb Gottis willen / alle die ienigen / ſo dieſe vnſer ordnunge ym Gottis dienſt ſehen / odder nach folgen wollen / das ſie ia keyn nöttig geſetz draus machen / noch yemands gewiſſen damit verſtricken odder fahen / ſondern der Chriſtlichen freyheyt nach / yhres gefallens brauchen / wie / wo / wenn vnd wie lange es die ſachen ſchicken vnd foddern / Denn wyr auch ſolchs nicht der meynung laſſen ausgehen / das wyr yemand darynnen meyſtern oder mit geſetzen regiern wolten / ſondern / die weyl allenthalben gedrungen wird auff deudſche Meſſe vnd Gottis dienſt / vnd gros klagen vnd ergernis gehet vber die mancherley weiſe der newen Meſſen / das eyn iglicher eyn eygens macht / etliche aus guter meynunge / ettliche auch aus furwitz / das ſie auch was newes auffbringen / vnd vnter andern auch ſcheynen vnd nicht ſchlechte meyſter ſeyen / wie denn der Chriſtlichen freyheyt alle wegen geſchicht / das wenig der ſelbigen anders gebrauchen / denn zu eygener luſt odder nutz / vnd nicht zu Gottis ehre vnd des nehiſten beſſerung. Wie wol aber eym iglichen das auff ſeyn gewiſſen geſtellet iſt / wie er ſolcher freyheyt brauche / auch niemands die ſelbigen zu weren oder zuuerbieten iſt / ſo iſt doch darauff zu ſehen / das die freyheyt der liebe vnd des nehiſten diener iſt vnd ſeyn ſol. Wo es denn alſo geſchicht / das ſich die menſchen ergern odder yrre werden / vber ſolchem mancherley brauch / ſind wyr warlich ſchuldig / die freyheyt eynzuzihen / vnd ſo viel es müglich iſt / ſchaffen vnd laſſen / auff das die leute ſich an vns beſſern vnd nicht ergern. Weyl denn an diſer euſſerlichen ordnung / nichts gelegen iſt vnſers gewiſſens halben fur Gott / vnd doch den nehiſten nutzlich ſeyn kan / ſollen wyr der liebe nach / wie S. Paulus leret / darnach trachten / das wyr eynerley geſynnet ſeyn / vnd auffs beſte es ſeyn kan / gleycher weyſe vnd geberden ſeyn / gleych wie alle Chriſten eynerley tauffe / eynerley ſacrament haben / vnd keynem eyn ſonderlichs von Gott geben iſt.

---

14 sich hervortun und nicht gewöhnliche meister 22 einziehen (z. B. die Segel) = beschränken 26 Rom 15, 5 27 so gut es möglich ist

2 Doch wil ich hiemit nicht begeren / das die ienigen / so bereyt yhre 73
gute ordnunge haben / oder durch Gottis gnāden besser machen konnen / dieselbigen faren lassen vnd vns weychen / Denn es nicht meyne meynunge ist / das gantze deudsche land / so eben müste vnser Wittembergische ordnung an nemen / Ists doch auch bis her nie geschehen / das die stiffte / klöster vnd pfarhen ynn allen stucken gleych weren gewesen / Sondern feyn were es / wo ynn eyner iglichen hirschafft der Gotts dienst auff eynerley weyse gienge / vnd die vmbligende stedlin vnd dörffer mit eyner stad gleych bardeten / ob die ynn andern hirschafften die selbigen auch hielten odder was besonders dazu thetten / sol frey vnd vngestrafft seyn. Denn summa / wyr stellen solche ordnunge gar nicht vmb der willen / die bereyt Christen sind / denn die bedurffen der dinge keyns / vmb wilcher willen man auch nicht lebt / sondern sie leben umb vnserwillen / die noch nicht Christen sind / das sie vns zu Christen machen / sie haben yhren Gottis dienst ym geyst. Aber vmb der willen mus man solche ordnunge haben / die noch Christen sollen werden / odder stercker werden / Gleich wie eyn Christen der tauffe / des worts vnd sacraments nicht darff / als eyn Christen / denn er hats schon alles / sondern als eyn sunder. Aller meyst aber geschichts vmb der eynfeltigen vnd des iungen volcks willen / wilchs sol vnd mus / teglich ynn der schrifft vnd Gottis wort geubt vnd erzogen werden / das sie der schrifft gewonet / geschickt / leufftig vnd kündig drynnen werden / yhren glauben zuuertretten / vnd andere mit der zeyt zu leren vnd das reych Christi helffen mehren / vmb solcher willen mus man lesen / singen / predigen / schreyben vnd dichten / vnd wo es hulfflich vnd fodderlich dazu were / wolt ich lassen mit allen glocken dazu leutten / vnd mit allen orgeln pfeyffen / vnd alles klingen lassen was klingen kunde / Denn darumb sind die bepstlichen Gottis dienste so verdamlich / das sie gesetze / werck vnd verdienst draus gemacht / und damit den glauben verdruckt haben / vnd die selbigen nicht gericht auff die iugent vnd eynfeltigen / die selbigen damit ynn der schrifft vnd Gottis wort zu vben / sondern sind selbst dran bekleben / vnd halten sie als yhn selbst nutz vnd nöttig zur selickeyt / das ist der teuffel / Auff wilche weyse / die alten sie nicht geordnet haben noch gesetzt.

3 Es ist aber dreyerley vnterscheyd Gottis diensts vnd der Messe. Erstlich eyne latinsche / wilche wir zuuor haben lassen ausgehen / vnd heist Formula Misse. Dise wil ich hie mit nicht auffgehaben oder verendert 74
haben / sondern / wie wyr sie bis her bey vns gehalten haben / so sol sie noch frey seyn / der selbigen zu gebrauchen / wo vnd wenn es vns gefellet odder vrsachen bewegt / Denn ich ynn keynen weg wil die latinische sprache aus dem Gottis dienst lassen gar weg komen / denn es ist

1 bereits 4 eben = gleichmäßig 9 sich gebärdeten 17 bedarf 21 geläufig und kundig 24 förderlich 28 unterdrückt 31 kleben geblieben | als sich selbst nützlich 36 siehe Lit. Texte IV (Kl. T. Nr. 36).

myr alles vmb die iugent zu thun. Vnd wenn ichs vermöcht / vnd die Kriechische vnd Ebreische sprach were vns so gemeyn als die latinische / vnd hette so viel feyner musica vnd gesangs / als die latinische hat / so solte man eynen sontag vmb den andern / yn allen vieren sprachen / Deutsch / Latinisch Kriechisch / Ebreisch / messe halten / singen vnd lesen. Ich halte es gar nichts mit denen / die nur auff eyne sprache sich so gar geben / vnd alle andere verachten / Denn ich wolte gerne solche iugent vnd leute auffzihen / die auch ynn frembden landen kunden Christo nutze seyn / vnd mit den leuten reden / das nicht vns gienge / wie den Waldenser ynn Behemen / die yhren glauben ynn yhre eygene sprach so gefangen haben / das sie mit niemand konnen verstendlich vnd deutlich reden / er lerne denn zuuor yhre sprache / So thet aber der heylige geyst nicht ym anfange / Er harret nicht bis alle welt gen Jerusalem keme vnd lernet Ebreisch / sondern gab allerley zungen zum predig ampt das die Apostel reden kunden / wo sie hyn kamen / Disem exempel wil ich lieber folgen / vnd ist auch billich / das man die iugent ynn vielen sprachen vbe / wer weys wie Gott yhr mit der zeyt brauchen wird? dazu sind auch die schulen gestifftet.

4 Zum andern ist die deudsche Messe vnd Gottis dienst / da von wyr itzt handeln / wilche vmb der eynfeltigen leyen willen geordent werden sollen. Aber dise zwo weyse mussen wir also gehen vnd geschehen lassen / das sie offentlich ynn den kirchen fur allem volck gehalten werden / darunter viel sind / die noch nicht gleuben odder Christen sind / sondern / das mehrer teyl da steht und gaffet / das sie auch etwas newes sehen / gerade / als wenn wyr mitten vnter den türcken odder heyden auff eym freyen platz odder felde Gottis dienst hielten / denn hie ist noch keyne geordente vnd
75 gewisse versamlunge / darynnen man kunde nach dem Euangelio die Christen regiern / Sondern ist eyne offentliche reytzung zum glauben vnd zum Christēthum.

5 Aber die dritte weyse / die rechte art der Euangelischen ordnunge haben solte / muste nicht so offentlich auff dem platz geschehen vnter allerley volck / sondern die ienigen, so mit ernst Christen wollen seyn / vnd das Euangelion mit hand vnd munde bekennē / musten mit namen sich eyn zeychen / vnd etwo yn eym hause / alleyne sich versamlen / zum gebet / zu lesen / zu teuffen / das sacrament zu empfahen vnd andere Christliche werck zu vben. Inn dieser ordnunge kund man die / so sich nicht Christlich hielten / kennen / straffen / bessern / ausstossen / odder ynn den bann thun / nach der regel Christi Matth. xviij. Hie kund man auch eyn gemeyne almosen den Christen aufflegen / die man williglich gebe vnd aus teylet vnter die armen / nach dem exempel S. Pauli .ij. Cor. ix. Hie durffts nicht viel vnd gros gesenges. Hie kund man auch eyn kurtze feine weyse mit der

9 damit es uns nicht ginge 38 Mat 18, 15 f. | 'almosen' hier fem. 40 II. Cor. 9, 1 ff. | bedürfte es

tauffe vnd sacrament halten vnd alles auffs wort vnd gebet vnd die liebe richten / Hie muste man eynen guten kurtzen Catechismum haben vber den glauben / zehen gebot vnd vater vnser. Kurtzlich / wenn man die leute und personen hette / die mit ernst Christen zu seyn begerten / die ordnunge vnd weysen weren balde gemacht. Aber ich kan und mag noch nicht eyne solche gemeyne odder versamlunge orden odder anrichten / Denn ich habe noch nicht leute. vnd personen dazu / so sehe ich auch nicht viel / die dazu dringen. Kompts aber / das ichs thun mus vnd dazu gedrungen werde / das ichs aus gutem gewissen nicht lassen kan / so wil ich das meyne gerne dazu thun / vnd das beste so ich vermag / helffen. Inn des wil ichs bey den gesagten zwo weysen lassen bleyben / vnd offentlich vnter dem volck solchen Gottis dienst / die iugent zu vben vnd die andern zum glauben zu ruffen vnd zu reytzen / neben der predigt / helffen foddern / bis das die Christen / so mit ernst das wort meynen / sich selbst finden vnd anhalten / auff das nicht eyne rotterey draus werde / so ichs aus meynem kopff treyben wolte / Denn wir deudschen sind eyn wild / rho tobend volck / mit dem nicht leychtlich ist etwas an zufahen / es treybe denn die höhiste nott.

6 Wolan ynn Gottis namen. Ist auffs erste. ym deudschen Gottis 76
dienst / eyn grober / schlechter / eynfeltiger guter Catechismus von nöten. Catechismus aber heyst eyne vnterricht / damit man die heyden / so Christen werden wollen / leret vnd weyset / was sie gleuben / thun / lassen vnd wissen sollen ym Christenthum / da her man Catechumenos genennet hat / die leer iungen / die zu solcher vnterricht angenomen waren / vnd den glaubē lernten / ehe denn man sie teuffet. Dise vnterricht odder vnterweysunge / weys ich nicht schlechter odder besser zu stellen / denn sie bereyt ist gestellet von anfang der Christenheyt / vnd bis her blieben / nemlich die drey stuck / die zehen gebot / der glaube vnd das vater vnser. Inn disen dreyen stucken steht es schlecht vnd kurtz fast alles was eym Christen zu wissen not ist. Dise vnterricht mus nu also geschehen weyl man noch keyne sonderliche gemeyne hat / das sie auff der Cantzel / zu ettlichen zeytten odder teglich wie das die not foddert / fur gepredigt werde / vnd daheymen ynn heusern / des abents vnd morgens / den kindern vnd gesinde / so man sie wil Christen machen / fur gesagt odder gelesen werde. Nicht alleyne also / das sie die wort auswendig lernen noch reden / wie bis her geschehen ist / sondern von stuck zu stuck frage vnd sie antworten lasse / was eyn iglichs bedeute / vnd wie sie es verstehen. Kan man auff eyn mal nicht alles fragen / so neme man eyn stuck fur / des andern tages eyn anders / Denn wo die eltern odder verweser der iugent diese muhe durch sich selbs oder andere nicht wollē mit yhn haben / so wird nymer

2 Catechismum: s. z. 20 ff. und s. 8, 14 also 'haben' etwa = abhalten 8 sich drängen 13 fördern 14 und darum anhalten 15 'so' = wenn 29 'fast' = genau 30 'weil' = solange 32 vorgepredigt

mehr keyn Cathechismus angericht werden / Es keme den da zu / das man eyne sonderliche gemeyne anrichtet / wie gesagt ist.

7 Nemlich also sol man sie fragen / Was bettestu? Antwort / das vater vnser. Was ists denn / das du sprichst / Vater vnser ym hymel? Antwort / Das Got nicht eyn yrdenischer / sondern ein hymlischer vater ist der vns ym hymel wil reich vnd selig machen. Was heyst denn deyn name werde geheyliget? Antwort / das wyr seynen namen sollen ehren vnd schonen / auff das er nicht geschendet werde. Wie wird er denn geschendet vnd entheyliget? Antwort / Wenn wir / die seyne kinder
77 sollen seyn / vbel leben / vnrecht leren vnd gleuben. Vnd so fort an / was Gottis reych heysse / wie es kompt / was Gottis wille / was teglich brod etc. heysse. Also auch ym glauben / wie gleubestu? Antwort / Ich gleube an Gott vater / durchaus. Dar nach von stuck zu stuck / darnachs die zeyt gibt / eynes odder zwey auff eyn mal. Also / was heyst an Gott den vater almechtigen gleuben? Antwort / Es heyst / wenn das hertze yhm gantz vertrawet / vnd sich aller gnaden / gunst / hulffe vnd trost / zu yhm gewislich versihet / zeytlich vnd ewiglich. Was heyst an Jhesum Christ seynen son gleuben? Antwort. Es heyst / wenn das hertze gleubt / das wyr alle verlorn weren ewiglich / wo Christus nicht fur vns gestorben were etce. Also auch ynn den zehen gebotten mus man fragen / Was das erst / das ander / das dritte vnd andere gebot deutten / Solche fragen mag man nemen aus dem vnsern betbuchlin / da die drey stuck kurtz ausgelegt sind / odder selbs anders machen / bis das man die gantze summa des Christlichen verstands ynn zwey stucke als ynn zwey secklin fasse ym hertzen / wilchs sind / glaube vnd liebe / Des glauben secklin habe zwey beutlin / ynn dem eynem beutlin stecke das stuck / das wyr gleuben / wie wyr durch Adams sunde / alzumal verderbt / sunder vnd verdampt sind / Ro. v. psal. l. Im andern stecke das stucklin / das wyr alle durch Jesum Christ / von solchem verderbten / sundlichem verdampten wesen / erlöset sind Ro. v. Joh. iij. Der liebe secklin habe auch zwey beutlin / Inn dem eynen stecke dis stucke / das wyr ydermann sollen dienen vnd wolthun wie vns Christus than hat. Ro. xiij. Im andern stecke das stücklin / das wyr allerley böses gerne leyden vnd dulden sollen.

8 Wenn nu eyn kind begynnet solchs zu begreyffen / das mans gewene / aus den predigeten sprüche der schrifft mit sich zu bringen / vnd den eltern auffzusagen / wenn man essen wil vbertische / gleych wie man vorzeytten das latin auffzusagen pfleget / vnd darnach die sprüche yn die secklin vnd beutlin stecken / wie man die pfennige vnd grossen odder gulden ynn die tasschen steckt. Als / des glaubens secklin sey das gulden secklin ynn das erste beutlin gehe diser spruch. Ro. v. An eynes eynigen sunde / sind

21 bedeuten 22 'Eyn kurcz form der zcehen gepott' usw. 1520 WA 7, 194 EA 22, 1 25 des glaubens säcklein 28 Rom 5, 12 Psalm 51 (vulg. 50), 7 30 Rom 5, 15 ff. Joh 3, 16 f. 32 Rom 13, 8 36 bei tische 40 Rom 5, 15

sie alle sunder vnd verdampt worden / Vnd der Psal. l. Sihe ynn sunden byn ich empfangen / vnd ynn vnrecht trug mich meyne mutter. Das sind zween reynische gulden ynn das beutlin. Jnn das ander beutlin gehen die 78
vngerischen gulden / als diser spruch. Ro. v. Christus ist fur vnser sund gestorben vnd fur vnser gerechtickeyt aufferstanden / Item Joh. iij. Sihe das ist Gottis lamb / das der welt sunde tregt. Das weren zween gute vngerische gulden ynn das beutlin. Der liebe secklin sey das sylberne secklin / Jnn das erste beutlin gehen die sprüche vom wolthun / als Gal. iiij. Dienet vnternander ynn der liebe. Matth. xxv. Was yhr eynem aus meynen geringsten thut / das habt yhr myr selb gethan. Das weren zween silbern grosschen ynn das beutlin. Jnn das ander beutlin gehe diser spruch Matth. v. Selig seyt yhr / so yhr verfolget werdet vmb meynen willen. Ebre. xij. Wen der herr liebet / den züchtiget er / Er steupt aber eynen iglichen son / den er auffnympt. Das sind zween schreckenberger ynn das beutlin. Vnd las sich hie niemand zu klug duncken vnd verachte solch kinder spiel. Christus / da er menschen ziehen wolte / muste er mensch werden / Sollen wyr kinder ziehen / so mussen wyr auch kinder mit yhn werden / Wolt Gott / das solch kinderspiel wol getrieben wurde / man solt ynn kurtzer zeyt grossen schatz von Christlichen leuten sehen / vnd das reyche seelen ynn der schrifft vnd erkentnis Gottis wurden / bis das sie selbs diser beutlin / als locos Communes mehr machten / vnd die gantze schrifft dreyn fasseten / sonst gehets teglich zur predigt / vnd gehet widder dauon / wie es hynzu gangen ist. Denn man meynet / es gelte nichts mehr / denn die zeit zu hören / gedenckt niemant etwas dauon zu lernen odder behalten. Also höret manchs mensch drey / vier iar predigen / vnd lernt doch nicht / das auff eyn stuck des glaubens kund antworten / wie ich teglich wol erfare. Es steht ynn buchern gnug geschrieben / Ja es ist aber noch nicht alles ynn die hertzen getrieben.

Von dem Gottis dienst.

9 Weyl alles Gottis diensts / das grössist vnd furnempst stuck ist / Gottis wort predigen vnd leren / halten wyrs mit dem predigen vnd lesen also. Des heyligen tags odder Sontags lassen wyr bleyben die gewonlichen Epistel vnd Euangelia / vnd haben drey predigt. Frue vmb funffe odder sechse / singet man etliche psalmen / als zur metten / Darnach predigt man die Epistel des tages / aller meyst vmb des gesindes willen / das 79
die auch versorget werden vnd Gottis wort hören / ob sie ia ynn andern predigeten nicht sein kunde / Darnach eyn antiphen vnd das Te deum laudamus odder Benedictus vmb einander / mit eynem Vater vnser / Collecten vnd Benedicamus domino. Vnter der Messe vmb acht odder neune / predigt man das Euangelion / das die zeyt gibt durchs iar. Nach mittage

1 Psalm 51, 7 4 Rom 4 (so!), 25 5 Joh 1 (so!), 29 8 Gal 5 (so!), 13 9 Mat 25, 40 12 Mat 5, 11 13 Hebr 12, 6 14 eine aus dem silberbergwerk des Schreckenberges bei Annaberg stammende münze ($^1/_8$ gulden) 26 daß er . . könnte 40 d. h. nach den perikopen des katholischen missale

vnter der vesper / fur dem Magnificat / predigt man das alte testament / ordentlich nach eynander. Das wyr aber die Episteln vnd Euangelia nach der zeyt des iars geteylet / wie bis her gewonet / halten / Ist die vrsach / Wyr wissen nichts sonderlichs ynn solcher weyse zu taddeln / So ists mit Wittemberg so gethan zu diser zeyt / das viel da sind / die predigen lernen sollen an den orten / da solche teylung der Episteln vnd Euangelia noch geht vnd villeycht bleybt. Weyl man denn mag den selbigen damit nütze seyn vnd dienen / on vnser nachteyl / lassen wyrs so geschehen / damit wyr aber nicht die taddeln wollen / so die gantzen bucher der Euangelisten fur sich nemen. Hie mit achten wyr habe der leye predigt vnd lere gnug / wer aber mehr begerd / der findet auff andere tage gnug.

10 Nemlich des Montags vnd Dinstags frue geschihet eyne deudsche lection / von den zehen geboten / vom glauben vnd vater vnser / von der tauffe vnd sacrament / das dise zween tage / den Catechismen erhalten vnd stercken ynn seym rechten verstand. Des Mitwochens frue / aber eyn deudsche lection / dazu ist der Euangelist Mattheus gantz geordenet / das der tag sol seyn eygen seyn / weyl es ja zumal eyn feyner Euangelist ist fur die gemeyne zu leren vnd die gute predigt Christi auff dem berge gethan / beschreybt / vnd fast zu vbung der liebe vnd guten werck helt. Aber den Euangelisten Johannes / wilcher zu mal gewaltiglich den glauben leret / hat auch seynen eygen tag / den Sonnabent nach mittage vnter der vesper / das wyr also zween Euangelisten ynn teglicher vbung halten. Der dornstag / freytag / frue morgens / haben die teglichen wochen lection ynn den Episteln der Apostel vnd was mehr ist ym newen testament. Hie mit sind lection vnd predigt gnug bestellet / das Gottis wort ym schwang zu halten / on was noch sind lection ynn der hohen schulen fur die gelerten.

11 Fur die knaben vnd schuler ynn der Biblia zu vben gehets also zu. Die wochen vber teglich / fur der lection / singen sie ettliche psalmen latinisch / wie bis her zur metten gewonet / denn / wie gesagt ist / wyr wollen die iugent bey der latinschen sprachen ynn der Biblia behalten vnd vben / Nach den psalmen lesen die knaben eyner vmb den andern zween odder drey eyn Capitel latinisch aus dem newen testament / darnachs lang ist / Darauff liset eyn ander knabe dasselbige capitel zu deudsch sie zu vben / vnd ob yemands von leyen da were vnd zu höret. Darnach gehen sie mit eyner antiphen zur deudschen lection / dauon droben gesagt ist. Nach der lection singet der gantze hauffe eyn deudsch lied / darauff spricht man heymlich eyn vater vnser / Darnach der pfarherr odder Capplan eyne Collecten / vnd beschliessen mit dem benedicamus domino / wie gewonet ist.

12 Desselbigen gleychen zur vesper / singen sie etliche der vesper psalmen / wie sie bis her gesungen sind / auch latinsch mit eyner antiphen / darauff eynen hymnus / so er fur handen ist / Darnach lesen sie abermal eyner

8 womit 19 und sehr zur übung . . anhält 26 'on' = außer

vmb den andern zween odder drey latinsch aus dem alten testament / eyn gantzes odder halbes Capitel / darnachs lang ist / Darnach lieset eyn knabe dasselbige Capitel zu deudsch / Darauff das magnificat zu latein / mit eyner antiphen / odder lied / Darnach eyn vater vnser heymlich / vnd die Collecten mit dem Benedicamus. Das ist der Gottis dienst teglich durch die wochen ynn stedten da man schulen hat.

Des Sontags fur die leyen.

13 Da lassen wyr die Messegewand / altar / liechter noch bleyben / bis sie alle werden / odder vns gefellet zu endern / wer aber hie anders wil faren / lassen wyr geschehen / Aber ynn der rechten Messe vnter eyttel Christen / muste der altar nicht so bleyben / vnd der priester sich ymer zum volck keren / wie on zweyffel Christus ym abendmal gethan hat. Nu das erharre seyner zeyt.

14 Zum anfang aber singen wyr eyn geystlichs lied / odder eynen deudschen Psalmen ynn primo tono auff die weyse wie folget.

Ich wil den herrn loben alle zeyt / Seyn lob sol ymerdar ynn 81
meynem munde seyn. Meyne seele sol sich rhümen des herrn / Das die
elenden hören vnd sich frewen. Preyset mit myr den herrn Vnd last vns
miteynander seynen nhamen erhöhen. Da ich den herren sucht / antwort
er myr vnd errettet mich aus aller meyner furcht. Welche auff yhn sehen / 82
werden erleucht / Vnd yhr angesicht wird nicht zu schanden. Da dieser
elende rieff / höret der herr / Vnd halff yhm aus allen seynen nöten. Der
engel des herrn lagert sich vmb die her / so yhn furchten / Vnd hilfft yhn
aus. Schmeckt vnd seht / wie freuntlich der herre ist / wol dem man
der auff yhn thrawet. Furchtet yhn seyne heyligen / Denn die yhn furchten 83
haben keynen mangel. Die reychen mussen darben vnd hungern / Aber
die den herrn suchen haben keynen mangel an yrgend eynem gut. Her zu
kinder hört myr zu / Ich wil euch die furcht des herren leren. Wer ist
der lust hat zu leben? vnd wundscht gute tage zu sehen. Behüt deyne
zunge fur vbel / vnd deyne lippen das sie nicht betrug reden. Las vom 84
bösen vnd thu guts / Suche frid vnd iag yhm nach. Die augen des herrn
sehen auff die gerechten / vnd seyne oren auff yhr schreyen. Das andlitz
des herrn steht vber die so böses thun / das er yhr gedechtnis ausrotte
vom lande. Wenn die gerechten schreyen / so höret der herr vnd errettet 85
sie aus all yhrer not. Der herr ist nahe bey denen die zu brochens hertzen sind / vnd hilfft denen die zur schlagen gemuet haben. Der gerechte
mus viel leyden / aber der herr hilfft yhm aus dem allen. Er bewaret
yhm alle seyne gebeyne / das der nicht eyns zubrochen wird. Den gottlosen
wird das vnglück tödten / vnd die den gerechten hassen werden schuld haben. 86
Der herr erlöset die seele seyner knechte / vnd alle die auff yhn trawen / werden keyne schuld haben.

---

15 'in primo tono' = in der ersten kirchentonart, welche auf D steht. Ps. 34 26 das original gibt zu z. 16—41 noten 35 zerbrochenes 36 zerschlagen

15 Darauff Kirie Eleison. / auch ym selben thon / drey mal vnd nicht neun mal / wie folget.

Kyrie Eleison. Christe Eleison. Kyrie Eleison.

16 Darnach lieset der priester eyne Collecten ynns Ffaut ynn vnisono / wie folget.

Almechtiger Gott / der du bist eyn beschutzer aller die auff dich hoffen /
an wilchs gnad niemand ichts vermag / noch etwas fur dyr gild / lasse
deyne barmhertzigkeyt vns reych.ich widderfarn / auff das wyr durch deyn
87 heyliges eyngeben dencken was recht ist / vnd durch deyne krafft auch das=
selbige volbringen / vmb Jhesus Christus vnsers herrn willen. Amen.

17 Darnach die Epistel ynn octauo Tono / das er ym vnisono der Collecten gleych hoch bleybe / cuius regule sunt iste.

Periodus est finis sententie.
Colon est membrum Periodi.
Coma est incisio vel membrum Coli.

¶ Regule huius melodie.

Initium. Coma. Coma aliud. Colon. Periodus. Questio. Finale.

Exemplum.

88 So schreybt der heylig Apostel Paulus zu den Corinthern. Lieben
bruder / da fur halte vns yederman / nemlich fur Christus diener / vnd
haushalter vber Gottis geheymnis. Nu sucht man nicht mehr an den
haushalltern / denn das sie trew erfunden werden. Myr ists aber eyn
89 gerings / das ich von euch gerichtet werde / odder von eynem menschlichen
tage / Auch richte ich mich selber nicht. Ich bin wol nichts myr bewust /
aber darynn byn ich nicht gerechtfertiget. Der herr aber ists / der mich
richtet. Darumb richtet nicht fur der zeyt / bis der herre kome / wilcher
auch wird ans liecht bringen / was ym finstern verborgen ist / vnd den
90 rad der hertzen offinbaren / Als denn wird eym iglichen von Gott lob
widderfaren.

Er sol aber die Epistel lesen mit dem angesicht zum volck gekert / Aber die Collecten mit dem angesicht zum altar gekeret.

18 Auff die Epistel singet man eyn deudsch lied / Nu bitten wyr den heyligen geyst / odder sonst eyns / vnd das mit dem gantzen Chor.

19 Darnach lieset er das Euangelion ynn quinto tono / auch mit dem angesicht zum volck gekeret.

---

3 zu dieser zeile noten im original 4 in 'F-fa-ut' d. h. F, und zwar 'unisono' d. h. ohne modulationen 11 die achte tonart steht auf D 17 hierzu noten im original. Es wird angegeben die tonfolge, in welcher der 'anfang' zu singen ist, dann die verschiedenen cadenzen, welche am ende eines kleineren (comma) oder größeren (colon) sinnabschnittes, bei einer frage (quaestio) und am ende (finale) der epistelrecitation anzuwenden sind. Der text läuft abgesehen von diesen cadenzen immer in demselben ton F.

Es folgt in zeile 19—29 ein mit noten versehenes beispiel für den vortrag der epistel: I Cor 4, 1—5 32 Kleine Texte Nr. 24/25 S. 15 34 die 'fünfte' tonart steht auf F.

Cuius melodie ſunt iſte regule.

Initium Coma Coma aliud Colon. Periodus finale.

Vox perſonarum. 91

Coma Coma aliud Colon. Periodus. Queſtio Finale.

Vox Chriſti.

Coma. Colon. Periodus. Queſtio Finale.

Exemplum Euangelij Dominice quarte in aduentu. vt ſequitur.

So ſchreybt der heylig Johannis ynn ſeym Euangelion. Diſs iſt das zeugnis Johannis / Da die Juden ſandten von Jeruſalem / Prieſter vnd 92
Leuiten / das ſie yhn fragten / Wer biſtu? Vnd er bekand vnd leugnet nicht / vnd er bekand / ich byn nicht Chriſtus / Vnd ſie fragten yhn / Was denn? biſtu Elias? Er ſprach / Ich bins nicht. Biſtu eyn Prophet? Vnd er antwort / Neyn / Da ſprachen ſie zu yhm / Was biſtu denn / das wyr antwort denen geben / die vns geſand haben? was ſagſtu 93
von dir ſelbs? Er ſprach / ich byn eyn ruffende ſtym ynn der wuſten / richtet den weg des herrn / wie der Prophet Jſaias geſaget hat / Vnd die geſand waren / die waren von den Phariſeern vnd fragten yhn vnd ſprachen zu yhm / Warumb teuffeſtu denn / ſo du nicht Chriſtus biſt / noch Elias / noch eyn Prophet? Johannis antwort yhn vnd ſprach / 94
Ich teuffe mit waſſer / aber er iſt mitten vnter euch getretten / den yhr nicht kennet / der iſts / der nach myr komen wird / wilcher vor myr geweſen iſt / des ich nicht werd byn / das ich ſeyne ſchuchrymen aufflöſe. Dis geſchach zu Betharaba ienſit des Jordans / da Johannes teuffet.

20 Nach dem Euangelio ſingt die gantze kirche den glauben zu deudſch / 95
Wyr gleuben all an eynen gott

21 Darnach gehet die predigt vom Euangelio des Sontags odder feſts. Vnd mich dunckt / wo man die deudſche poſtillen gar hette durchs iar / Es were das beſte / das man verordente / die poſtillen des tages / gantz odder eyn ſtucke / aus dem buch dem volck fur zu leſen / nicht alleyne vmb der prediger willen / die es nicht beſſer kunden / ſondern auch vmb der ſchwermer vnd ſecten willen zuuerhüeten / wie man ſihet vnd ſpuret an den Homilien ynn der metten / das etwa eben auch ſolche weyſe geweſen iſt / Sonſt wo nicht geyſtlicher verſtand vnd der geyſt ſelbſt redet durch die prediger / (wilchem ich nicht wil hiemit zil ſetzen / der geyſt leret wol bas reden der alle poſtillen vnd Homilien /) ſo kompts doch endlich dahyn / das eyn iglicher predigen wird / was er wil / vnd an ſtat des Euangelij vnd ſeyner auslegunge / widderumb von blaw endten gepredigt wird / Denn auch das der vrſachen eyne iſt / das wyr die Epiſteln vnd Euangelia / wie ſie ynn den poſtillē geordenet ſtehen / be-

---

2 4 6 mit noten. Beim vortrag des evangeliums werden die worte des evangelisten, die der auftretenden personen und die Christi durch tonhöhe und modulation unterschieden. Wir kennen diese sitte aus den oratorien 8—23 Joh. 1, 19—28 als beispiel mit noten 25 Kleine Texte Nr. 24/25 S. 17 32 vgl. das Breviarium romanum 35 besser

halten / das der geystreichen prediger wenig sind / die eynen gantzen Euangelisten odder ander buch / gewaltiglich vnd nützlich handeln mugen.

22 Nach der predigt sol folgen eyne offentliche paraphrasis des vater vnsers / vnd vermanung an die so zum sacrament gehen wollen / auff die odder besser weyse wie folget.

Lieben freunde Christi / weyl wir hie versamlet sind / ynn dem namen des herrn / seyn heyliges testament zu empfahen / So vermane ich euch auffs erste / das yhr ewer hertze zu gott erhebt / mit mir zu betten das vater vnser / wie vns Christus vnser herr geleret vnd erhorung trostlich zugesagt hat.

Das Gott vnser vater ym hymel vns seyne elende kinder auff erden barmhertziglich ansehē wolte / vnd gnade verleyhen / das seyn heyliger name unter vns vnd in aller welt geheyliget werde / durch reyne rechtschaffne lere seines worts / Vnd durch brunstige liebe vnsers lebens / Wolte gnediglich abwenden alle falsche lere vnd böses leben / darynn seyn werder name gelestert vnd geschendet wird.

96 Das auch seyn reych zu kome vnd gemehret werde / alle sunder / verblendte vnd vom teuffel ynn seyn reych gefangen / zur erkentnis des rechten glaubens an Jhesum Christ seynen son bringen / vnd die zal der Christen gros machen.

Das wyr auch mit seym geyst gesterckt werden / seynen willen zu thun vnd zu leyden / beyde ym leben vnd sterben / ym guten vnd bosen / alzeyt vnsern willen brechen / opffern vnd todten.

Wolt vns auch vnser teglich brot geben / fur geytz vnd sorge des bauchs behueten / sondern vns alles guts gnug zu yhm versehen lassen.

Wolt auch vns vnser schuld vergebe / wie wyr denn vnsern schuldigern vergeben / das vnser hertz eyn sicher frölich gewissen fur yhm habe / vnd fur keyner sunde vns nymmer furchten noch erschrecken.

Wolt vns nicht eyn furen ynn anfechtunge / sondern helffe vns durch seynen geyst / das fleysch zwingen / die welt mit yhrem wesen verachten / vnd den teuffel mit allen seynen tücken vberwinden.

Vnd zu letzt vns wolt erlosen von allem vbel / beyde leyblich vnd geystlich / zeytlich vnd ewiglich. Wilche das alles mit ernste begeren / sprechen von hertzen Amen / on allen zweyffel gleubend / es sey ia / vnd erhöret ym hymel / wie vns Christus zusagt / Was yhr bittet gleubt das yhrs haben werdet / so sols geschehen Amen.

Zum andern vermane ich euch ynn Christo / das yhr mit rechtem glauben des testaments Christi war nehmet / vnd allermeist die wort / darynnen vns Christus sein leyb vnd blut zur vergebung schenckt / ym hertzen feste fasset / das yhr gedenckt vnd danckt der grundlosen liebe / die er vns bewysen hat / da er vns durch seyn blut von gots zorn sund / todt vnd helle erloset hat / vnd darauff eusserlich das brod vnd weyn / das ist

16 werter 17 'zukomme' = adveniat 18 gefangene 19 'bringen' erg. 'dass Gott wollte' aus z. 15 35 Mc 11, 24

ſeynen leyb vnd blut / zur ſicherung vnd pfand zu euch nemet. Dem nach wollen wir ynn ſeinem namen / vnd aus ſeynem befelh / durch ſeyne eygene wort das teſtament alſo handeln vnd brauchen.

23 Ob man aber ſolche paraphraſin vnd vermanung wolle auff der Cantzel flux auff die predigt thun / odder fur dem altar / las ich frey eym iglichen ſeyne wilkore. Es ſihet / als habens die alten bis her / auff der Cantzel gethan / daher noch blieben iſt / das man auff der Cantzel gemeyn gebet thut / odder das vater vnſer fur ſpricht. Aber die vermanung zu eyner offentlichen beycht worden iſt. Denn da mit bliebe das vater vnſer mit 97 eyner kurtzen auslegung ym volck / vnd wurde des herrn gedacht / wie er befolhen hat am abend eſſen.

24 Ich wil aber gebeten haben / das man die ſelbige paraphraſis vnd vermanunge / conceptis / ſeu preſcriptis verbis odder auff eyn ſonderliche weyſe ſtelle / umb des volcks willen / das nicht heute eyner alſo / der ander morgen anders ſtelle / vnd eyn iglicher ſeyne kunſt beweyſe / das volck yrre zu machen / das es nichts lernen noch behalten kan. Denn es iſt ia vmb das volck zu leren vnd zu furen zuthun / darumb iſts nott / das man die freyheyt hie breche / vnd eynerley weyſe fure ynn ſolcher paraphraſi vnd vermanung / ſonderlich ynn eynerley kirchen odder gemeyne fur ſich / ob ſie eyner andern nicht folgen wollen umb yhre freyheyt willen.

25 Darnach folget das ampt vnd dermunge / auff die weyſe wie folgt.

Exemplum.

Vnſer herr Jheſu Chriſt / ynn der nacht da er verraten ward / Nam er das brod / danckt vnd brachs / vnd gabs ſeynen iungern vnd ſprach· Nempt 98 hyn vnd eſſet / das iſt meyn leyb / der fur euch gegeben wird / Solchs thut ſo offt yhrs thut / zu meynem gedechtnis.

Deſſelben gleychen auch den kilch / nach dem abendmal vnd ſprach / Nempt hyn vnd trincket alle draus / das iſt der kilch / eyn new teſtament ynn meynem blut / das fur euch vergoſſen wird zur vergebung der ſunde / 99 ſolchs thut / ſo offt yhrs trinckt / zu meynem gedechtnis.

Es dunckt mich aber / das es dem abendmal gemes ſey / ſo man flux auff die conſecration des brods / das ſacrament reyche vnd gebe / ehe man den kilch ſegenet / Denn ſo reden beyde Lucas vnd Paulus / Deſſelben gleychen den kilch / nach dem ſie geſſen hatten etce. Vnd die weyl ſinge das deudſche ſanctus / odder das lied / Got ſey gelobet / odder Johans Huſſen lied / Jheſus Chriſtus vnſer heyland / Darnach ſegene man den kilch vnd gebe den ſelbigen auch / vnd ſinge was vbrig iſt von obgenanden liedern odder das deudſch Agnus dei / Vnd das man feyn orden-

6 seine willkür | es scheint 13 besondere 17 führen 19 besonders 20 'ob' = wenn 21 'amt' — abendmahlsfeier, 'dermung' — 'terminatio' = consecratio 23—30 mit noten I Cor 11, 23—25 33 Luc 22, 20 I Cor·11, 25 34 und unterdessen singe 35 Sanctus: s. s. 14 z. 13 ff. vgl. Kl. T. 24/25 S. 17 N. 26. Gott sei gelobet: ebenda S. 7 Nr. 4 36 Jesus Christus unser heiland: ebenda S. 8 Nr. 6 38 Agnus dei: Christe du lamm Gottes, bereits vor Luther verdeutscht

lich vnd zuchtig zu gehe / nicht man vnd weyb vnternander / sondern die weyber nach den mennern / darumb sie auch von eynander an sondern orten stehen sollen. Wie man sich aber mit der heymlichen beycht halten solle / hab ich sonst gnug geschrieben / vnd man findet meyne meynunge ym betbuchlin.

Das auffheben wollen wyr nicht abthun / sondern behalten / darumb / das es feyn mit dem deudschen Sanctus stymmet / vnd bedeut / das Christus befolhen hat / seyn zu gedencken / Denn gleych / wie das sacrament wird leyblich auffgehaben / vnd doch drunter Christus leyb vnd blut nicht wird gesehen / also wird durch das wort der predigt seyner gedacht vnd erhaben / dazu mit empfahung
100 des sacraments bekand vnd hoch gehret / vnd doch alles ym glauben begriffen vnd nicht gesehen wird , wie Christus seyn leyb vnd blut fur vns gegeben / vnd noch teglich fur vns bey gott / vns gnade zurlangen / zeyget vnd opffert.

Das deudsch Sanctus.

26 Jesaia dem propheten das geschach / das er ym geyst den herren sitzen sach / auff eynem hohen thron ynn hellem glantz / seynes kleydes saum den
101 kor fullet gantz / Es stunden zween seraph bey yhm daran / Sechs flugel sach er eynen ydern han / mit zwen verbargen sie yhr antlitz klar / mit zwen bedeckten sie die fusse gar / vnd mit den andern zwen sie flogen frey / gen ander ruffen sie mit grossem schrey / Heylig ist Gott der herre zebaoth /
102 Heilig ist Gott der herre sebaoth / Heilig ist gott der herre zebaoth / Sein ehr die gantze welt erfullet hat / von dem schrey zittert schwel vnd balcken gar das haus auch gantz vol rauchs vnd nebel war.

27 Darnach folget die Collecten mit dem segen.

Wyr dancken dir almechtiger herr gott / das du vns durch dise heylsame gabe hast erquicket / vnd bitten deyne barmhertzigkeyt / das du vns solchs gedeyen lassest zu starckem glauben gegen dir / vnd zu brinstiger liebe vnter vns allen / vmb Jhesus Christus vnsers herrn willen. Amen.

Der herr segene dich vnd behuete dich.

Der herr erleuchte seyn angesicht vbir dyr / vnd sey dyr gnedig.

Der herr hebe seyn angesicht auff dich / vnd gebe dyr frid.

¶ Exercitatio odder vbunge der melodeyen.

28 Auff das man sich wol lerne schicken ynn melodeyen / vnd wol gewone der Colon / Comaten vnd der gleychen pausen / setze ich hie noch eyn exempel / Eyn ander mag eyn andere nemen.

103 Die Epistel.

So schreybt S. Pauel der heylig Apostel Jhesu Christi / zu den Corinthern. Dafur halt vns yederman / nemlich fur Christus diener / vnd haushalter vbir gottis geheymnis / Nu sucht man nicht mehr an den haushaltern / denn das sie trew erfunden werden / Mir aber ists eyn ge-

2 besonderen, gesonderten 3 verhalten 4 vgl. 'Von der beicht' WA 8, 129 EA 27, 318. 'Von beider gestalt des sacraments' WA 10b, 1 EA 28, 308. Das 'betbüchlein' ist die 'kurze unterweisung, wie man beichten soll' WA 2, 57 EA 21, 245 ff. 5 'aufheben' = elevation 7 vgl. de abroganda missa privata WA 8, 447. EA op. lat. v. a. 6, 168 deutsch EA 28, 88 36 bis s. 15 z. 13 mit noten I Cor 4, 1—8

rings / das ich von euch gerichtet werde / odder von eynem menschlichem tage / 104
Auch richte ich mich selbest nicht / Ich bin wol nichts mir bewust / aber daryn
bin ich nicht gerechtfertiget / Der herr ists aber der mich richtet / Darumb rich-
tet nichts fur der zeyt / bis der herre komme / wilcher auch wirt ans liecht
bringen was ym finstern verborgen ist / vnd den radt der hertzen offinbarn /
als dann wirt eynem iglichen von got lob widderfaren. Solchs aber lieben 105
brůder / hab ich auff mich vnd Apollo gedeuttet / vmb ewret willen / das yhr
an vns lernet / das niemant hoher von sich halte / denn itzt geschrieben ist /
auff das sich nicht eyner widder den andern vmb yemands willen auffblase /
Denn wer hat dich fur zogen? was hastu aber / das du nicht empfangen 106
hast? was rhumestu dich denn / als der es nicht empfangen hette? Ir seyt
schon sat worden / yr seit schon reich worden / yr hirschet on vns / vnd
wolt gott yhr hirschetet / auff das auch wyr mit euch hirschen möchten.

Das Euangelium.

29 Höret zu dem heyligen Euangelion. So spricht Jhesus Christus zu 107
seynen iungern / Niemant kan zweyen herren dienen / entwedder / er wird
eynen hassen / vnd den andern lieben / odder wird eynem anhangen / vnd
den andern verachten / Ir kund nicht gott dienen vnd dem Mammon /
darumb sag ich euch / sorget nicht fur ewer leben / was yhr essen vnd
trincken werdet / auch nicht fur ewren leyb / was yhr anziehen werdet / 108
Ist nicht das leben mehr denn die speis? vnd der leyb mehr denn das
kleyd? Seht die vogel vnter dem hymel an / sie sehen nicht / sie erndten
nicht / sie samlen nicht ynn die schewren / vnd ewer hymelischer vater
neret sie doch / Seyt yr denn nicht vielmehr denn sie? Wer ist vnter euch der 109
seyner lenge eine elle zusetzen muge / ob er gleych drumb sorget? warumb
sorget yhr denn fur das kleid? Schawet an die lilien auff dem feld wie sie
wachsen / Sie erbten nicht / auch nehn sie nicht / Ich sage euch / das auch
Salomon yn aller seyner herlickeyt nicht bekleydet gewesen ist / als der
selbigen eyns. So dann Gott das gras auff dem feld also kleydet / das doch 110
heute steht / vnd morgen yn den ofen geworffen wirt / solt er das nicht viel
mehr euch thun? O yr kleyn gleubigen / darumb solt yr nicht sorgen vnd
sagen / was werden wir essen / was werden wyr trincken / wo mit werden wir
vns kleyden? Nach solchem allen trachten die heyden / Denn ewer hymelischer 111
vater weys / das yr des alles bedurffet / Tracht am ersten nach dem reych
Gottes / vnd nach seyner gerechtickeyt / So wirt euch solchs alles zufallen.
Drumb sorget nicht fur den andern morgen / denn der morgen tag wirt fur
das seyne sorgen. Es ist gnug / das eyn igklich tag seyn eygen vbel habe.

30 Das sey gesagt vom teglichen Gottis dienst / vnd vom wort Gottis 112
zu leren / allermeyst fur die iugent auff zu zyhen vnd fur die eynfeltigen
zu reytzen. Denn die ienigen / so aus furwitz vnd lust newer dinge gerne
zu gaffen / sollen solichs alles gar balde müde vnd vberdrüssig werden /
wie sie bis her auch ynn dem latinschen Gottis dienst gethan haben / da
man ynn den kirchen teglich gesungen vnd gelesen hat / vnd dennoch die

15—37 mit noten Mat 6, 24—33 27 arbeiten 41 zuschauen

kirchen wust vnd ledig blieben sind / vnd schon bereyt auch ym deudschen thun. Darumb ists das beste / das solcher gottis dienst auff die iugent gestellet werde / vnd auff die eynfeltigen / so zufals er zu komen. Es wil doch bey den andern / widder gesetz noch ordnung / noch vermanen noch treyben helffen / die las man faren / das sie williglich vnd frey lassen ym gotts dienst / was sie vnwillig vnd vngerne thun / Gott gefallen doch gezwungene dienst nicht / vnd sind vergeblich vnd verloren.

31 Aber mit den festen / als Weynachten / Ostern / Pfingsten / Michaelis / purificationis / vnd der gleychen / mus es gehen / wie bisher / latinsch / bis man deudsch gesang gnug dazu habe / Denn das werck ist ym anheben / darumb ists noch nicht alles bereyt / was dazu gehort / alleyne / das man wisse / wie es auff eynerley weyse solle vnd muge zugehen / das der mancherley weyse rad vnd mas gefunden werde.

32 Die fasten / palmtag / vnd marterwochen lassen wyr bleyben / nicht das wyr yemand zu fasten zwingen / sondern das die passion vnd die Euangelia / so auff die selbige zeyt geordnet sind / bleyben sollen / doch nicht also / das man das hunger tuch / palmen schiessen / bilde decken / vnd was des gauckel wercks mehr ist / halten odder vier passion singen odder acht stunden am karfreytag an der passion zu predigen haben / sondern die marterwoche sol gleych / wie ander wochen seyn / on das man die passion predige /
113 des tages eyne stunde / durch die woche / odder wie viel tage es gelustet / vnd das sacrament neme / wer do wil / Denn es sol ia alles / vmb des worts vnd sacramenten willen vnter den Christen geschehen ym gots dienst.

33 Summa / diser vnd aller ordnunge ist also zu gebrauchen / das wo eyn misbrauch draus wird / das man sie flux abthu / vnd eyne andere mache / gleych wie der künig Ezechias die eherne schlange / die doch got selbs befolhen hatte zu machen / darumb zubrach vnd abthet / das die kinder Israel derselbigen misbrauchten / denn die ordnung sollen zu fodderung des glaubens und der liebe dienen / vnd nicht zu nachteyl des glaubens. Wenn sie nu das nicht mehr thun so sind sie schon thot vnd abe / vnd gelten nichts mehr / gleych als wenn eyn gute muntze verfelscht / umb des misbrauchs willen auffgehaben vnd geendert wird / odder als wenn die newen schuch alt werden vnd drucken / nicht mehr getragen / sondern weg geworffen vnd ander gekaufft werden. Ordnung ist eyn eusserlich ding / sie sey wie gut sie will / so kan sie ynn misbrauch geratten / Denn aber ists nicht mehr eyn ordnung / sondern eyn vnordnung / darumb stehet vnd gilt keyne ordnung / von yhr selbs etwas / wie bis her die Bepstliche ordnunge geachtet sind gewesen / sondern aller ordnunge leben / wirde / krafft vnd tugent / ist der rechte brauch / sonst gilt sie vnd taug gar nichts / Gotts geist vnd gnade sey mit vns allen. Amē.

Gedruckt zu Wittemberg. Martinus Luther.
M.D.XXVj.

1 wüst und leer | bereits 3 herzukommen 4 weder 11 nur, daß man wisse 14 die passionswoche 20 'on' = nur 27 zerbrach 39 würde

Rodardruck von C. G. Röder G.m.b.H., Leipzig

MIX
Papier | Fördert gute Waldnutzung
FSC® C083411

Kolibri 360 GmbH
Ferdinand-Jühlke-Straße 7
99095 Erfurt, Deutschland
produktsicherheit@kolibri360.de